W0290415

Ines Adam

Katzen Barfen leicht gemacht

Hundpferdkatz
Physiotherapie - Akupunktur TCM - Naturheilkunde

Hundpferdkatz
Physiotherapie - Akupunktur TCM - Naturheilkunde

Ines Adam

Katzen Barfen leicht gemacht

Bibliografische Information der Deutschen Nationalbibliothek
Die Deutsche Nationalbibliothek verzeichnet diese Publikation in der Deutschen Nationalbibliografie; detaillierte bibliografische Daten sind im Internet über http://dnb.d-nb.de abrufbar.

Ines Adam
Katzen Barfen leicht gemacht

Berlin: Pro BUSINESS 2012

ISBN 978-3-86386-197-1

1. Auflage 2012

Produktion und Herstellung: Pro BUSINESS GmbH
Gedruckt auf alterungsbeständigem Papier
Printed in Germany
www.book-on-demand.de

Bildquellen: Ines Adam

Vorwort

Dieses Buch richtet sich an alle, die sich bereits mit dem Thema Katzenernährung beschäftigen. Ich möchte kein weiteres Buch mit komplizierten und aufwändigen Berechnungsmethoden vorstellen, sondern einen leicht verständlichen und einfach umzusetzenden Leitfaden für die gesunde Ernährung Ihrer Katze geben. Ich möchte Sie daher auch nicht mehr als nötig mit den Grundlagen, der Anatomie und der ganzen trockenen Theorie quälen.

Wenn wir heute in ein Zoofachgeschäft gehen, werden wir von der Fülle an Angeboten schier erschlagen. Es gibt für jede Rasse ein Futter, für jedes Alter, jede Aktivität, sogar die Fellfarbe findet inzwischen Berücksichtigung! Natürlich gibt es auch für jedes Zipperlein, jede Erkrankung und jedes Problem ein besonderes Futter in einer wunderbaren, hochwertigen Verpackung.

Leider steigt die Zahl der an Krankheiten leidenden Haustiere immens! Diabetes, Allergien, Nierenleiden, Gelenkprobleme, all das haben auch unsere Haustiere. In meine Praxis kommen immer öfter sogar Kaninchen mit Arthrose. Das liegt einerseits an immer extremerer Selektion bei der Zucht, mangelhafter Zuchthygiene aber nicht zuletzt auch in hohem Maße an ungeeignetem Futter. Leider wird dem Tierhalter seitens der Werbung und der Schulmedizin dann auch noch Angst gemacht, es wäre „gefährlich“, sein Tier mit Frischfutter zu ernähren. Bitte lassen Sie sich nicht verunsichern, denn das ist gelinde gesagt Quatsch. Gerade die „Barfer“ nehmen das Thema Gesundheit sehr ernst. So gibt es bei diesen Tierhaltern z.B. meist ein großes Blutbild in regelmäßigen Abständen, oder andere Untersuchungen, die über die Futterverwertung Auskunft geben können.

Natürlich ist es bequem, eine Handvoll Trockenfutter in den Napf zu werfen. Ernährt sich doch der Mensch selbst immer mehr von Fertigprodukten. Jedoch kann der Mensch selbst entscheiden. Ein Tier nicht. Es ist auf uns angewiesen. Eine gesunde, artgerechte Ernährung ist nicht teuer und nicht kompliziert!

Ich meine, es ist längst an der Zeit, die Kirche mal wieder im Dorf zu lassen. Weniger ist mehr und letztlich nicht teurer.

Barf (Biologisch Artgerechte Rohfütterung) für Katzen – das geht?

Oh ja, es ist sogar einfacher als bei Hunden. Ich freue mich, in Form dieses Buches in Ihren Händen gelandet zu sein und ich freue mich über das stetig wachsende Interesse am Thema artgerechte Haustier-Ernährung. Bei unseren Katzen herrscht noch große Verunsicherung, ob „Fleisch da auch geht". Diese Verunsicherung möchte ich Ihnen gerne nehmen. Und am meisten freue ich mich über jede Katze, die Frischfleisch annimmt.

Nun möchte ich Sie noch ermutigen, sich nicht von den vielen Tabellen, Kalkulatoren, Berechnungen, Formeln und Zahlen erschrecken zu lassen, die sie in den meisten Barf-Büchern finden. Natürlich ist es wichtig, sich einmal mit dem Nährstoff- und Energiebedarf der Katze zu beschäftigen. Aber – und das ist wirklich ein großes Aber: Es ist noch viel wichtiger, der Katze auf lange Sicht gesehen, das zu füttern, was sie braucht; und nicht jede Mahlzeit mit Taschenrechner und Briefwaage zu konstruieren. Das ist nicht nötig! Oder kalkulieren Sie für jede Ihrer Mahlzeiten den Vitamin B Gehalt in Mikrogramm unter Berücksichtigung Ihres Alters, Ihrer körperlichen Betätigung und des jeweils verwendeten Lebensmittel??

Ein wenig Theorie zum Verdauungstrakt Ihrer Katze muss ich Ihnen trotzdem zumuten. Die Basics sozusagen. Keine Angst! Alles leicht verständlich! Schauen wir uns doch zunächst einmal die gängigen Futtermittel an.

Trockenfutter

Dies wird durch Backen oder im sogenannten Extruder hergestellt. Ein Extruder ist ein Gerät, was eine dickflüssige bis feste Masse unter hohem Druck und hoher Temperatur aus einer formgebenden Öffnung herauspresst. Durch Erhitzen werden Kohlenhydrate aufgeschlossen und dadurch besser verdaulich (dass die Katze keine Kohlenhydrate braucht, dazu kommen wir noch). Dann schmeckt und riecht nicht mehr viel daran. Deshalb wird das fertige trockene Futter mit einer Fettschicht besprüht, die Duftstoffe bindet, damit das Tier das Futter gerne annimmt.

Vergleich: Lockt sie der Duft einer frischen Tasse Kaffee morgens auch an den Tisch? Schmeckt bestimmt toll. Nun trinken Sie einmal den gleichen Schluck Kaffee und halten Sie sich dabei die Nase zu. Na?

Übrigens trinken Katzen, die mit Trockenfutter ernährt werden, in der Regel nicht automatisch mehr, denn es liegt nicht in ihrer Natur, viel zu trinken.

Aber kaltgepresstes Trockenfutter ist doch gut, oder?

Kaltgepresst ist im Prinzip das gleiche wie oben, die Temperatur bei der Pressung beträgt etwa 80° C, sie liegt somit niedriger. Das ist erst mal gut. Die verwendeten Rohstoffe werden aber vor dem Pressen genauso erhitzt wie bei anderem Futter auch, damit Keime abgetötet werden. Ist also nicht wirklich ein Unterschied.

Und Dosenfutter?

Dann schauen wir mal auf das Etikett. Nur einige Stichpunkte! Was heißt eigentlich

- **Bio:**
  Es werden zwar Bio Rohstoffe verwendet, die werden aber genauso erhitzt, wie anderes Futter und es dürfen nach dem Erhitzen noch Zusätze hinzugefügt werden.

- **Fett:**
  Das darf Abfall aus Tierkörperbeseitigungsanlagen sein. Oder altes Frittierfett. Glauben Sie nicht? Schauen Sie ins Futtermittelgesetz!

- **Fleisch:**
  = Fleisch ohne Nebenprodukte vor dem Trocknen. Meist macht das 4 % der Dose aus. Erschreckend wenig für einen Fleischfresser, wie die Katze.

- **Fleischmehl:**
  = Fleisch nach dem Trocknen. Aber: es darf auch hier alles enthalten sein. Lange Zeit wurden „Schlachtnebenprodukte“ zu Tier-, Fleischknochen- und Knochenmehl verarbeitet und überwiegend zur Verfütterung eingesetzt. Nach dem EG-weiten Verfütterungsverbot an Nutztiere ab 1. Januar 2001 ist die Verwertung dieser Produkte als Futtermittel nicht mehr erlaubt.

- **Tierische Nebenerzeugnisse:**
  = Alles von Tierkörpern. Hufe, Haut, Schnäbel, Federn, Därme, Sehnen.

- **Pflanzliche Nebenerzeugnisse:**
  = Ölreste (altes Frittieröl, Soja-Abfälle, Rübenschnitzel, Mais, Erdnussschalen, Stroh.
- **Fisch Nebenerzeugnisse:**
  = Fischinnereien, Flossen, Köpfe, Augen, Gräten

Glauben Sie nicht? Wie gesagt, führen Sie sich das Futtermittelgesetz zu Gemüte. Oder schauen Sie sich die Preise der Aluschälchen in Lebensmittelmärkten an. 80 Gramm Futter gibt es da schon für € 0,25. Fünfundzwanzig Cent? Herstellung der Aluschälchen, Herstellung der Etiketten, Befüllung der Schälchen, Verkauf an Großhändler, Verkauf an Einzelhändler. Dann kaufen wir das Schälchen. Fünfundzwanzig Cent? Und die verdienen immer noch daran. Was kann da anderes drin sein, als ... Abfall?

Dazu ein kleiner Ausflug, den ich sehr interessant finde:

„Zur Herstellung von Aluminium wird viel Energie benötigt. So sind rund ein Viertel der Herstellungskosten Energiekosten. Daher korreliert der Aluminiumpreis häufig stark mit dem Ölpreis. Gehandelt wird Aluminium an der London Metal Exchange und an der New York Mercantile Exchange (COMEX)."

Quelle: www.finanzen.net

Wie die Energiepreise sind, sehen wir jedes Jahr an unserer Heizkostenrechnung. Was muss alleine das Schälchen kosten?

Was braucht nun eine Katze?

Wenn Sie sich mit der Ernährung Ihrer Katze schon beschäftigen, wissen Sie vielleicht, dass die Katze ein Fleischfresser ist. Eine frei lebende Katze ernährt sich von Mäusen, Vögeln, kleinen Hasen, Insekten wie Libellen, Schmetterlinge, viele fangen sogar Fliegen. Manchmal finden auch Spinnen und Käfer ihr Interesse. Dabei wird das Beutetier komplett gefressen, auch Schnäbel, Krallen, Fell, alles – bis auf eine Innerei, die oft ordentlich liegen bleibt: der Darm. Viele Katzen lassen auch noch den Magen und die Leber liegen.

Was sagt uns das? Die Katze braucht also Fleisch, Fleisch und noch mal Fleisch. Ihr Darm ist kurz, und nicht für die Verdauung von langkettigen Kohlenhydraten gemacht. Den längsten Darm haben Pflanzenfresser. Das Verhältnis der Darmlänge zur Körperlänge beträgt bei der Katze 3:1. Beim Mensch, einem Allesfresser bereits 6:1, und bei einem reinen Pflanzenfresser noch um ein Vielfaches mehr.

Kohlenhydrate kann die Katze also kaum aufschließen und daher sollten sie nicht in ihrer Ernährung vorkommen. Wer das unbedingt trotzdem möchte, sollte das Gemüse bitte gar anbieten (manche Katzen mögen Erbsen, grüne Böhnchen oder Karottenmus). Warum die Katze kein Gemüse bzw. Kohlenhydrate braucht, kann man sich noch verdeutlichen, wenn man sich vor Augen hält, wie gering der Anteil des Mageninhalts bei Ihrer Beute, der Maus, ist. Wenn sie ihn mitfrisst, dann hat die Maus bereits ein wenig vorverdaut. Daher soll Gemüse, wenn überhaupt, gar angeboten werden.

Aber was frisst eigentlich eine frei lebende Maus? Sämereien, sie knabbern an Wurzeln, wenn es Nüsse gibt, gerne auch diese. Sogar Insekten werden gerne gefressen – also auch Fleisch! Hier der „Beweis“:

Das ist keine Fotomontage! Eine Maus hatte sich in unsere Küche geschlichen und gemütlich am Fleischteller unserer Lotte gefressen. Ich hatte sogar noch Zeit, die Kamera zu holen – Lotte war so fassungslos, dass sie nur schauen konnte. Und der Maus hat's geschmeckt. Der Beweis: Auch Mäuse fressen Fleisch.

Freigänger Barfen sich gerne selbst. Eine Katze ist ein Jäger! Oft behagt Ihnen zu Hause das Futter nicht und sie möchten uns mit einer heimgebrachten Maus und deutlichem, begleitenden Miau dringend raten, anderes Futter auf den Speiseplan zu bringen. Zugegeben, Katzen schmackhaft zu füttern, ist nicht immer einfach. Viele von ihnen bringen uns mit ausgeprägt wählerischem Verhalten an den Rand der Verzweiflung (ich weiß, wovon ich rede...). Denken wir, nun endlich ein Futter gefunden zu haben, was sie mag, verweigert sie es wieder, wenn wir freudestrahlend eine Pallette davon nach Hause geschleppt haben.

Da hilft nur: Zähne zusammenbeißen, immer wieder probieren und kleine Mengen anbieten. Hat man dann eine Zusammensetzung gefunden, die dem Tiger gibt, was er braucht, ist es auch nicht schlimm, dabei zu bleiben. Eine Maus schmeckt ja auch immer gleich! Wir brauchen keine tollen Saisongerichte, Sommer-Menues oder Weihnachtsgänse.... das ist für den Menschen und die Kasse der Futtermittelindustrie gemacht.

Ein paar Zahlen zum Bedarf

Fleisch ist also DIE Katzennahrung. Das kann mageres, aber auch fettes Fleisch sein, auch Fisch ist ein wertvolles Futtermittel, Herz, sowie in kleinen Mengen auch Leber. Man findet in der Literatur leider sehr abweichende Angaben zum Nährstoffbedarf einer Katze. Die folgenden Werte sind aus vielen Tabellen und Ratgebern zusammengetragene Mittelwerte, die sich auf eine erwachsene, mäßig aktive Katze mit einem Gewicht von etwa 4 kg beziehen. Größere Katzen, aktive Freigänger, Jäger und tragende/laktierende Katzen benötigen selbstverständlich wesentlich mehr.

* pro Kg Trockenmasse des Futters. Benötigte Gesamtfettmenge pro Tag: Ca. 30 g.

i.E. = Internationale Einheit. Das ist eine Maßeinheit aus der Medizin. Sie beschreibt die Menge des Stoffes, der benötigt wird, um einen biochemischen Vorgang im Körper in Gang zu setzen. Sprich: Energie für den Stoffwechsel zur Verfügung zu stellen.

1000 µg = 1 mg = 0,001 g

Vitamin C kann die Katze selbst synthetisieren.

Nährstoff	Benötigte Menge erwachsene Katze, 4 kg, mäßig aktiv	Bemerkung	Benötigte Menge pro kg Körpergewicht und Tag
Proteine (Eiweiß)	20 g	Auch Aminosäuren genannt	5 g
Taurin ⓘ	120 mg (300-400 mg)	ein Protein	30 mg (mindestens!)
Linolsäure („Fett")	20 g*	eine ungesättigte Fettsäure	5 g*
Arachidonsäure („Fett")	0,8 g*	eine ungesättigte Fettsäure	0,2 g*
Kohlenhydrate	Kein lebensnotwendiger Bedarf der Katze		
Calcium	320 mg		80 mg
Phosphor	280 mg		70 mg
Magnesium	48 mg		12 mg
Natrium	320 mg		80 mg
Kalium	320 mg		80 mg
Chlorid	480 mg		120 mg
Eisen	6 mg		1,5 mg
Kupfer	0,4 mg		0,1 mg
Mangan	0,4 mg		0,1 mg
Zink	4 mg		1 mg
Jod	0,2 mg		0,05 mg
Selen	0,008 mg		0,002 mg
Vitamin A	400 i.E.		100 i.E.
Vitamin D	20 i.E.		5 i.E.
Vitamin E	8 mg		2 mg
Vitamin B1	400 µg		100 µg
Vitamin B2	200 µg		50 µg
Vitamin B6	320 µg		80 µg
Vitamin B12	1,6 µg		0,4 µg
Panthotensäure	800 µg	Auch B5 genannt	200 µg
Niacin	3200 µg	Auch B3 oder Nicotinsäure genannt	800 µg
Folsäure	80 µg	Auch B9 oder Folat genannt	40 µg
Biotin	12 µg	Auch B7 genannt.	3 µg

Tabelle 1: Nährstoffbedarf Katze

Kohlenhydrate

Der Kohlenhydrat-Anteil der natürlichen Nahrung einer Katze - z.B. einer Maus, beträgt etwa 1 %. Fertige Trockenfutter enthalten 40 % und mehr.

Proteine

Katzen haben einen recht hohen Protein-Bedarf. Der ist auch immer gleichbleibend. Auch wenn Futter mit einem niedrigen Proteingehalt gefüttert wird, kann sie ihren Verbrauch nicht anpassen. Sie baut dann Muskelmasse ab und die Menschen wundern sich, dass sie so kümmerlich aussieht.

ⓘ Taurin

Taurin ist genau genommen keine Aminosäure (= Protein) sondern ein Abbauprodukt der Aminosäuren Cystein und Methionin. Katzen können – im Gegensatz zu Hunden – Taurin nicht selbst im Körper bilden, daher ist eine Zuführung beim Barfen wichtig. In Pflanzen kommt Taurin nicht vor.

Was genau Taurin im Körper bewirkt, ist noch nicht vollständig erforscht. Man weiß jedoch, dass es eine wichtige Rolle für die Augen und die Herzfunktion spielt und den Zellstoffwechsel unterstützt. Es hat eine entzündungshemmende Wirkung und wird außerdem für die Bildung von Gallensäure benötigt, also auch für die Fähigkeit, Nahrung zu verwerten. Den höchsten Gehalt an Taurin hat – wen wundert's - Mäusefleisch. Außerdem findet man hohe Werte in Fisch und Geflügel. Die Empfehlungen über den Taurinbedarf der Katze weichen extrem voneinander ab, sie reichen sie von 20 bis 400 mg pro kg Körpergewicht und Tag. Was mir wiederum nur sagt, wie schlecht erforscht der wirkliche Nährstoffbedarf unserer Haustiere (in diesem Falle Katzen) ist. Was mich wiederum zweifeln lässt, wenn wissenschaftliche Grundlagen propagiert werden, auf denen die Herstellung des Fertigfutters beruhen soll. In Tabelle 1 ist ein Mindestwert aufgeführt, den man in vielerlei Literatur findet.

Wieviel Taurin ist worin enthalten?

Fleisch- oder Fischsorte	Gehalt Taurin in mg pro 100 g (roh)
Putenherz	600 mg
Putenkeule	300 mg
Hühnerherz	230 mg
Putenfleisch	200 mg
Seezunge	146 mg
Hering	95 mg
Lammherz	90 mg
Lammhack	85 mg
Hühnerschenkel	80 mg
Rinderhack	80 mg
Kabeljau	80 mg
Makrele	80 mg
Regenbogenforelle	60 mg
Seelachs	60 mg
Thunfisch	20–60 mg
Rinderherz	44 mg
Kalbsherz	44 mg
Hühnerbrust	20 mg

Tabelle 2: Tauringehalt in Fleisch und Fisch

Die Werte können naturgemäß stark schwanken, je nach Qualität des Fleisches oder Fischs.

Inwieweit Taurin beim Garen zerstört wird, darüber scheiden sich auch wieder die Geister. Meine Nachforschungen in Lehrbüchern, bei Chemikern und Biologen haben außer einem Schulterzucken nicht viel ergeben. Die einen nennen 30° C Grad, die anderen 300° C als Zersetzungspunkt. Taurin bildet mit anderen Substanzen unserer Nahrung wiederum Verbindungen, und bei welchen Temperaturen diese Verbindungen nun tatsächlich kaputt gehen – das ist noch nicht bekannt.

Zuviel zugeführtes Taurin wird vom Körper ausgeschieden. Da eine frei lebende Katze hauptsächlich Mäuse frisst, ist davon auszugehen, dass ihr Bedarf tatsächlich sehr hoch ist. Ich denke daher, dass 300 – 400 mg gemäß Tabelle 1 ein gutes Mittelmaß ist. Es gibt aber auch Katzen, die ihr Futter nicht anrühren, wenn Taurin beigemischt wurde. Vielleicht mögen diese ein handelsübliches Taurin-Leckerli stattdessen.

Welches Fleisch kann ich füttern?

Huhn, Ente, Pute, Gans, Rind, Kalb, Lamm, Hase und Kaninchen, auch Taube und Wachteln können probiert werden. Auch Herz, ein gutes, zartes Muskelfleisch mit viel Taurin, Es reicht jedoch völlig aus, sich auf wenige Sorten zu beschränken. Wenn man mit den verschiedenen Fleischsorten experimentiert hat, wird man herausfinden, was die Katze mag und was nicht. Die meisten Katzen mögen Puten- oder Hühnerherzen.

Auch Innereien?

Geflügel- oder Kalbsleber eignet sich gut. Aber nur ab und zu ein Stückchen.

Knorpel und Knochen

Knorpel (z.B. in Form eines Hühnerschenkels mit Knochen) wird gerne gekaut, auch Knochen für den Calciumbedarf sind nötig. Ein Hühnerhals wird in der Regel gerne geknabbert. Knochen unbedingt nur roh füttern! Gekocht werden sie spröde und splittern. Nimmt die Katze das nicht an, ein Calciumpulver ins Futter mischen - oder gemörserte rohe Eierschalen.

Wieviel Fett darf sein?

Katzen mögen und brauchen relativ hohe Mengen an Fett für die Energiegewinnung. Ist das verfütterte Fleisch nicht fett genug, kann man zusätzlich Fett in Form von ungewürztem Gänseschmalz oder Lachsöl zugeben. Im Gänseschmalz ist meist auch etwa 10 % Schweineschmalz enthalten. Das ist nicht schlimm. Sollte die Katze das partout nicht annehmen – eben weglassen. Dann darf es auch ein wenig Butter sein. Die meisten Katzen mögen Butter. Da sie auf Nährstoffe aus tierischen Quellen angewiesen ist, kann sie pflanzliche Öle kaum verwerten.

Manchmal riecht das Futter komisch, wenn Öl oder Schmalz dabei ist und dann wird es nicht mehr gefressen. Unsere eigenen Katzen mögen auch nichts „Gemischtes“. Ich stelle ein Tellerchen mit einem Teelöffel Gänseschmalz abwechselnd mit einem Tellerchen Butter zur Fleischmahlzeit. Und als echter Purist wird dann erst das Fleisch gefressen und dann genüsslich das Gänseschmalz weggeschleckt. Auch ein wenig Sahne darf sein, besonders wenn die Katze zu hartem Kot neigt.

Und wie sieht's mit Gemüse und Obst aus?

Oft wird empfohlen, dem Fleisch püriertes gares Gemüse in kleinen Mengen (etwa ein Teelöffel pro Portion) beizufügen. Man kann es probieren und durchaus regelmäßig sehr kleine Mengen mit füttern, wenn es akzeptiert wird. Die meisten Katzen schauen da jedoch ziemlich entsetzt auf Ihren Futternapf. Es ist nicht unbedingt nötig und wenn man Gemüsefütterung für sein Gewissen tun möchte, kann man es mit Karotten oder Kartoffeln probieren. Eine Alternative als Ballaststoff, wenn Ballaststoffe sein sollen, kann Weizenkleie sein. Das ist aber auch kein Muss. Für die Puristen kann man ein Tellerchen mit Baby-Karottenmus zum wegschlecken hinstellen.

Sollte Obst gefüttert werden, nehmen Sie bitte ganz reifes ohne Schale, wie Apfel, Banane oder Pfirsich.

Aber Hand aufs Herz: Ich habe wirklich noch nie – und ich halte seit 30 Jahren Katzen – einen Obst-Liebhaber erlebt. Ausnahmen bestätigen natürlich die Regel, aber außer einem neugierigen Schnuppern mit anschließendem Kopfschütteln gab es da nicht. Und wenn ich in manchen Ratgebern sogar lese, dass Zitrone, Ananas und Kirsche verfüttert werden können/sollen, zieht es mir doch die Augenbrauen in die Höhe...

Der geliebte Teller Milch

Hartnäckig hält sich der Brauch, ein Schälchen Milch für vorbeiziehende Katzen vor die Tür zu stellen. Wenn Sie statt Kuhmilch Katzenmilch nehmen, ist das ok. Der in Kuhmilch enthaltene Milchzucker, die Laktose, kann von der Katze nicht verwertet werden. Der Verzehr von Milch führt zu Blähungen und teils heftigem Durchfall. Keine Frage – Katzen mögen Milch, dann aber bitte Katzenmilch. Diese, im Zoofachhandel und Supermarkt erhältliche Milch enthält keine Laktose und kann der

Katze daher als Leckerchen gegeben werden. Einzige Ausnahme: Es gibt ja auch Katzen mit Kot-Absatz-Problemen. Dann kann ab und zu eine Portion Milch als „Weichmacher“ und Ausscheidungshilfe dienen. Achten Sie dann aber auch darauf, dass die Katze etwas mehr trinkt und meiden Sie Trockenfutter.

Keine Laktose enthalten ferner angesäuerte Milchprodukte wie Joghurt, Quark, Hüttenkäse, Kefir und Buttermilch. Diese Produkte darf die Katze gerne auch naschen, wenn sie sie mag.

Wie war das noch mit den Knochen – lieber doch keine?

Sie können ganze gewolfte Hühner verfüttern, Flügel, Hühnerhälse, Ente, sogar Wachteln, das heißt also: Auch Knochen. Wichtig: Die Knochen müssen ROH sein! Sie splittern nur in gekochtem Zustand. Probieren Sie mal einen Hühnerhals. Der wird in der Regel gerne geknackt! Auf Wochenmärkten findet man manchmal Hühnerklein und Hühnerhälse an Metzger Ständen. Es gibt sie auch gefroren zu kaufen. Gut sortierte Futterläden oder Internet Fachhandel bieten gefrorene, eingeschweißte Ware an.

Darf man auch Wildfleisch füttern?

Jein. Hase und Kaninchen eignen sich schon. Besonders für übergewichtige Katzen, denn diese beiden Fleischsorten sind sehr mager. Große Wildtiere wie

Reh, Hirsch und Wildschwein eignen sich meiner Meinung nach nicht. Wildschweine können, wie auch das Hausschwein, die Schweinepest haben und den Aujetzky Virus übertragen. Außerdem weiß man nicht, wie es sich bei diesen Tieren mit dem Fuchsbandwurm verhält. Für den Menschen beruhigender kann es daher sein, Hase und Kaninchen gegart zu füttern.

Welcher Fisch für welche Katze?

Grundsätzlich können sie jeden Fisch anbieten. Ob die Katze allerdings den Weihnachtskarpfen lieben wird, mag dahingestellt bleiben. Relativ verlässlich sind Seelachs, Rotbarsch und Thunfisch. Fisch kann man wie Fleisch auch roh verfüttern. Ich persönlich finde gerade so garen Fisch jedoch schmackhafter und sicherer. Eine Fischvergiftung ist eine sehr ernste Angelegenheit. In Südeuropa sind Fälle von Katzen bekannt geworden, die nach dem Fischverzehr starben. Dies wurde auf eine bestimmte, kranke Fischsorte zurückgeführt, die mit in den Netzen gelandet war.

Die Barfer streiten um's Calcium-Phospor Verhältnis. Was steckt dahinter?

Der Calcium-Anteil im Futter sollte etwas höher liegen als der Phosphor-Anteil. Diese beiden Stoffe sind maßgeblich an einem gesunden Bewegungsapparat beteiligt. Sie bedingen und brauchen sich gegenseitig im Stoffwechsel. Daher ist die Fütterung des richtigen Verhältnisses wichtig. Jedoch nicht wichtiger, als die Fütterung der richtigen Mengen aller anderen Stoffe auch. Trotzdem: Wenn Knochen gefüttert werden, braucht kein zusätzliches Calcium gegeben werden! Auch Phosphor ist im Knochen ausreichend vorhanden. Möchte man keine Knochen geben, kann der Calcium Bedarf durch Knochenmehl, ein fertiges Calciumpulver oder durch gemörserte rohe Eierschalen gedeckt werden. Wenn Knochen gefüttert werden, sollte der Anteil der Knochen 1/3 der Gesamtfuttermenge nicht übersteigen.

Was ist nun einfach im Laden (Supermarkt oder ein guter Tierfutterladen mit Frisch- oder Frostfleisch) zu bekommen und für die Katzenfütterung geeignet?

Fleisch	Huhn, Pute, Rind, Lamm/mit Knochen und Knorpel
Fisch	Seelachs, Thunfisch, Rotbarsch
Innereien	Geflügelherz, Geflügelleber
Leckerchen	Joghurt, Quark, Hüttenkäse, Katzenmilch, Käse

Es gibt inzwischen auch viele gute Internetversandhäuser, die gewolftes Frostfleisch frei Haus liefern. Man muss es nur noch auftauen und ggf. ergänzen (Taurin, Öl, Calcium). Auch dafür stehen gute Fertigprodukte in Pulverform zur Verfügung, die man über den Internetversandhandel bekommen kann. Für die Gourmets unter den Tigern darf es außerdem Ente, Wachtel, Täubchen, Kalb und Kaninchen sein.

Soweit zur Basis – Fleisch und Fisch.

Welche Zusätze muss ich zum Futter geben?

Da wäre zunächst das Taurin. Dies gibt es als Pulver in kleinen Döschen. Es ist leicht sauer/bitter, daher ist es empfehlenswert, die benötigte Menge in etwas lauwarmem Wasser aufzulösen und dann ins Fleisch zu mischen. Da hält man sich am besten an die Mengenangaben des Herstellers.

Wer mageres Fleisch füttert und/oder einen sehr aktiven Freigänger hat, sollte noch etwas Gänseschmalz, Butter oder Lachsöl dazugeben. Gänseschmalz schmilzt schon fast bei Zimmertemperatur, lässt sich also ideal ins Fleisch mischen. Lachsöl ist nicht jederkatz' Sache, einfach kann es möglicherweise sein, dieses zum Fisch zu geben und das Gänseschmalz zum Fleisch. Aber natürlich gibt es da auch wieder Verweigerer. Eine Alternative wäre Butter.

Vitaminpräparate sind in der Regel nicht nötig. Muss ein Tiger gepäppelt werden oder versorgt man eine tragende/laktierende Kätzin, kann man hier auf fertige Vitamin- und Mineralien-Pulver zurückgreifen und entsprechend dosiert ins Futter mischen.

Wieviel Wasser braucht der Tiger?

Katzen gewinnen ihr Wasser aus der Nahrung und haben aufgrund Ihrer Herkunft die enorme Fähigkeit, über den Darm aus dem Kot Wasser rückzugewinnen, so dass sie ihren Bedarf darüber weitgehend decken können. Das ist auch der Grund, warum Katzenkot wesentlich härter ist als Hundekot. Das erschreckt viele Katzenhalter, ist aber ganz normal.

Trotzdem reicht das meist nicht aus, wir müssen der Katze also auch frisches Trinkwasser anbieten. Am idealsten ist ein fließendes Gewässer, da Katzen ungern aus stehendem Wasser trinken. Viele Katzenhalter kennen das: Die Katze trinkt nur aus dem laufenden Wasserhahn, oder der Dusche, oder gar nicht. Oder sie eilt mit Ihrem Schnäutzchen den Wassertropfen nach, die in der Badewanne noch herunterlaufen, nachdem wir diese verlassen haben... Dies ist auf ihren Instinkt zurückzuführen, dass ein stehendes Gewässer keimbelasteter sein kann als ein fließendes.

Es gibt schöne Zimmerbrunnen oder spezielle Katzen-Trinkbrunnen, aus denen sich die Tiger gerne bedienen dürfen. Es funktioniert! Meine eigenen habe ich so vom Wasser überzeugen können. Wobei sie manchmal schon noch den Verräter spielen und aus dem alten muffigen Gartenteich trinken. Obwohl ich immer gutes stilles Wasser in den Brunnen fülle...

Ich würde gerne Kräuter geben. Welche sind giftig?

Kräuter braucht man nicht zufüttern, außer im Krankheitsfall, wenn man eine bestimmte Heilwirkung haben möchte (auch dann lehnen Katzen in der Regel Kräuter ab). Es ist leider bei vielen naturnah fütternden Tierhaltern beliebt, ständig jede Menge Kräuter dazu zu geben, besonders bei Hunden. Das ist nicht ratsam, da jedes

Kraut auch eine bestimmte Heilwirkung hat, die meisten Kräuter eine blutverdünnende Wirkung haben (und warum sollte man das wollen?) und – ganz wichtig – weil Katzen hochempfindlich auf ätherische Öle reagieren. Frische Kräuter enthalten je nach Art sehr viel davon. Für Katzen sind ätherische Öle toxisch, da ihr Organismus nicht in der Lage ist, sie zu verwerten. Leider wird in vielen Barf-Ratgebern eine ganze Liste an Kräutern aufgezählt, die unbedingt gefüttert werden müssen. Bei Hunden sind ein paar Kräuter sicher nicht verkehrt, doch für Katzen unter Umständen gefährlich.

Das Knabbern an Gras hingegen hat den Sinn, verschluckte Haare leichter wieder heraus zu bekommen. Katzengras gibt es fertig gezogen im Zoofachhandel. Freigänger pflücken sich ihre Halme sehr genussvoll. Gras dient im Katzenorganismus auch als Ballaststoff.

Katzenminze gibt es in Spielzeug versteckt oder als getrocknetes Kraut. Der Sinn dieses Krauts ist jedoch „nur" der reine Genuss. Katzen schnuppern, lecken, kauen daran und wälzen sich angeregt schnurrend mit dem Spielzeug. Es riecht toll und berauschend.

Ätherische Öle können tödlich sein!

Man kann es wirklich nicht genug betonen. Ich freue mich schon auf die Zuschriften, die mir Panikmache bescheinigen. Nun ja. Ich kann mich noch gut erinnern, wie Teebaumöl modern wurde. Jeder hat sich damit eingedeckt und fleißig seine Tiere eingerieben. Zum Vergleich: Bereits 2003 hat das Bundesinstitut für Risikobewertung (BfR) konzentriertes Teebaumöl als gesundheitsschädlich eingestuft. Für den Menschen empfiehlt das BfR eine Beschränkung des Teebaumöl in kosmetischen Mitteln auf maximal 1 %. Maximal! Und das gilt für den Menschen. In den 80-er Jahren sind Fälle beschrieben worden, dass Katzen in Folge der Verwendung von Teebaumöl gestorben sind. Daher ist von der Verwendung dringend abzuraten. Das gilt auch für andere ätherische Öle.

(Chemisch gesehen ist Teebaumöl ein Gemisch aus Terpenen. Es wird als Universalmittel angepriesen).

Nun endlich zum praktischen Teil: Eine Katzenmahlzeit zusammenstellen

Nicht seufzen, das ist nicht schwer... Es ist so schade, dass die meisten Ratgeber zu viele furchtbar komplizierte Tabellen mit Rechenformeln beinhalten, die den Leser dazu animieren, das Buch mit einem erschrockenen „Ach Gott..." wieder zu zu klappen und beim Supermarkt-Schälchen zu bleiben.

Anhand des Bedarfs der Katze wollen wir nun 3 Fleischsorten vergleichen. Nicht vergessen: Wir gehen von einer erwachsenen, 4 kg schweren, mäßig aktiven Katze aus. Alle Werte sind hier wieder nur ca. Werte, da diese aufgrund von unterschiedlicher Herkunft und Qualität stark schwanken können! Tragende Katzen, Jäger, Aktive und große, schwere Katzen/Kater brauchen etwa ein Drittel mehr. Oder noch mehr. Bei manchen Nährstoffen findet man keine Angaben in der Literatur oder sie sind so gering, dass sie nicht aufgeführt werden.

Nährstoff	Benötigte Menge erwachsene Katze, 4 kg, mäßig aktiv	100g Huhn (ohne Knochen) enthält	100g Pute (ohne Knochen) enthält	100 g Rind/Hack (ohne Knochen) enthält
Proteine (Eiweiß)	20 g	20 g	20 g	22 mg
Taurin	120 mg (300 mg)	80 mg	300 mg	80 mg
Gesamtfett	30 g	6 g	15 mg	14 mg
Calcium	320 mg	12 mg	25 mg	18 mg
Phosphor	280 mg	200 mg	230 mg	190 mg
Magnesium	48 mg	37 mg	27 mg	30 mg
Natrium	320 mg	83 mg	65 mg	–
Kalium	320 mg	360 mg	300 mg	200 mg
Chlorid	480 mg	0,005 mg	0,007 mg	0,004mg
Eisen	6 mg	2 mg	1,5 mg	2,5 mg
Kupfer	0,4 mg	0,3 mg	0,1 mg	0,007mg
Mangan	0,4 mg	20 µg	35 µg	20 µg
Zink	4 mg	0,02 mg	2 mg	4 mg
Jod	0,2 mg	?	?	?
Selen	0,008 mg	?	?	?
Vitamin A	400 i.E.	10 µg	?	?
Vitamin D	20 i.E.	?	?	?
Vitamin E	8 mg	0,1 mg	2,5 mg	0,5 mg
Vitamin B1	400 µg	80 µg	100 µg	90 µg
Vitamin B2	200 µg	160 µg	200 µg	150 µg
Vitamin B6	320 µg	500 µg	?	?
Vitamin B12	1,6 µg	1 µg		5 µg
Panthotensäure	800 µg	?	1100 µg	?
Niacin	3200 µg	7000 µg	10500 µg	2000 µg
Folsäure	80 µg	5 µg	7 µg	4 µg
Biotin	12 µg	?	10 µg	?

Tabelle 3: Inhaltsstoffe im Fleisch

? Es liegen keine Angaben vor oder ist nur in Spuren enthalten

1000 µg = 1 mg = 0,001 g

Bei den fettlöslichen Vitaminen A, D, E werden die Dosierungen meist in i.E. angegeben. Die Umrechnung in µg oder mg:

1 mg Vitamin A = 3.333,33 i.E.

1 µg Vitamin D = 40 i.E.

1 mg Vitamin E = 1,49 i.

(Quelle: www.vitamineralien.de)

Doch wieder eine furchtbare Tabelle? Schon, jedoch soll damit einfach nur deutlich werden, dass eine Katze etwa 200 Gramm Fleisch pro Tag fressen darf. Da die Werte schwanken, ist es ratsam, Rind, Pute, Huhn und Fisch abwechselnd zu füttern. Außer Sie haben einen Sturkopf, Verweigerer, Puristen, oder Nur-eine-Sorte-Fleisch-Fresser. Dann bleiben Sie bei der einen Sorte Fleisch und ergänzen Sie sie ggf. mit einem Fertigprodukt und mit Taurin.

Eine analoge Tabelle mit Fisch erspare ich Ihnen. Wer viel Zeit und Muße und Spaß an Tabellen hat, kann sich Nährstofftabellen aus dem Internet holen und die einzelnen Werte auflisten. Tipp: die „große GU Nährwert Tabelle“ von Gräfe & Unzer.

Da Knochen etwa ein Drittel des Futters ausmachen sollen, können wir an 3 Tagen Knochen (z.B. Hühnerhälse) zufüttern. Wird kein Knochen gegeben, können Sie rohe Eierschale im Mörser zerpulvern und zu jeder Mahlzeit eine Messerspitze geben. Das ist eigentlich ganz einfach. Es müssen rohe Eierschalen sein und sie brauchen einen starken Arm, um diese so fein wie möglich zu zermahlen. Eine Konsistenz, die an Meersalz erinnert, ist ausreichend. Das fressen die meisten Katzen widerstandslos oder freuen sich übers Knacken.

Alternativ kann man natürlich auch auf fertige Futterergänzungsmittel ausweichen. Eine Prise Salz dazu ist angebracht (Natrium und Chlorid Bedarf). Unsere Tiger lasse ich ab und zu etwas Corned beef naschen. Die Puristen, sie wissen schon... Da ist viel Salz drin. Würziger Hartkäse wäre eine Alternative. Das wird gerne auch als Leckerchen genommen.

Bei den B-Vitaminen ist es nicht schlimm, wenn zu viel gefüttert wird, da wasserlösliche Vitamine wieder ausgeschieden werden, wenn sie erhöht im Körper vorhanden sind.

Da Fisch einen wesentlich höheren Eiweiß- und Phosphatgehalt als Fleisch hat, wäre 2 mal pro Woche Fisch, z.B. Seelachs, eine Möglichkeit, mit Fleisch abzuwechseln. Die Mengen (200 g) können beibehalten werden.

Das hieße also, Sie füttern an 5 Tagen Fleisch, an 2 Tagen Fisch. Dazu an 3 Tagen Knochen. Dazu gibt es täglich einen Teelöffel Gänseschmalz oder Lachsöl und Taurin. Oder Butter. Ohne Knochen: Jeden Tag eine Messerspitze gemörserte Eierschale. Alternativ ein fertiges Pulverpräparat.

Vorschläge für Fertigpräparate:

- **Felini Taurin**
  Reines Taurin, höchstens einen Messlöffel pro Tag (500 mg)

- **Felini Complete**
  Enthält neben Taurin auch Vitamin A, D, E, B1, B2, B6, B12, Panthoten, Biotin, Nicotinamid, Folsäure, Eisen, Kupfer, Mangan, Zink und Jod. Riecht und schmeckt nach Bierhefe aufgrund der B-Vitamine. Mag nicht jede Katze. Felini Complete ist eher geeignet für tragende und laktierende Katzenmütter. Eine gut ernährte Katze braucht im Prinzip nur Taurin, Calcium (und etwas Fett) zusätzlich.

- **Fortan Calcium 40**
  Calciumpulver zum zusetzen, wenn keine Eierschale gewünscht ist. Höchstens einen Messlöffel pro Tag (0,5 g).

Ganz konkret könnte eine Katzenwoche also so aussehen (2 Mahlzeiten pro Tag):

Montag morgens 100 g Hühnerfleisch 10 g Hühnerherz ⅓ - ½ Messlöffel Taurin 1 Teelöffel Gänseschmalz 1 Prise Salz 1 Hühnerhals zum knabbern dazulegen	**Montag abends** 100 g Hühnerfleisch 10 g Hühnerherz ⅓ - ½ Messlöffel Taurin 1 Teelöffel Gänseschmalz 1 Prise Salz 1 Hühnerhals zum knabbern dazulegen
Dienstag morgens 100 g Fisch 1 Messerspitze Eierschale ⅓ - ½ Messlöffel Taurin 1 Teelöffel Lachsöl 1 Prise Salz	**Dienstag abends** 100 g Fisch 1 Messerspitze Eierschale ⅓ - ½ Messlöffel Taurin 1 Teelöffel Lachsöl 1 Prise Salz
Mittwoch morgens 100 g Putenfleisch 10 Gramm Putenherz ⅓ - ½ Messlöffel Taurin 1 Teelöffel Weizenkeimöl 1 Prise Salz 1 Hühnerhals zum knabbern dazulegen	**Mittwoch abends** 100 g Putenfleisch 10 Gramm Putenherz ⅓ - ½ Messlöffel Taurin 1 Teelöffel Weizenkeimöl (als alternative Fettquelle) 1 Prise Salz 1 Hühnerhals zum knabbern dazulegen
Donnerstag morgens 100 g Hühnerfleisch 10 g Hühnerherz 1 Messerspitze Eierschale ⅓ - ½ Messlöffel Taurin 1 Teelöffel Gänseschmalz 1 Prise Salz	**Donnerstag abends** 100 g Hühnerfleisch 10 g Hühnerherz 1 Messerspitze Eierschale ⅓ - ½ Messlöffel Taurin 1 Teelöffel Gänseschmalz 1 Prise Salz
Freitags morgens 100 g Fisch 1 Messerspitze Eierschale ⅓ - ½ Messlöffel Taurin 1 Teelöffel Lachsöl 1 Prise Salz	**Freitag abends** 100 g Fisch 1 Messerspitze Eierschale ⅓ - ½ Messlöffel Taurin 1 Teelöffel Lachsöl 1 Prise Salz
Samstag morgens 100 g Putenfleisch 10 Gramm Putenherz ⅓ - ½ Messlöffel Taurin 1 Teelöffel Weizenkeimöl 1 Prise Salz 1 Hühnerhals zum knabbern dazulegen	**Samstag abends** 100 g Putenfleisch 10 Gramm Putenherz ⅓ - ½ Messlöffel Taurin 1 Teelöffel Weizenkeimöl 1 Prise Salz 1 Hühnerhals zum knabbern dazulegen
Sonntag morgens 100 g Hühnerfleisch 10 g Hühnerherz 1 Messerspitze Eierschale ⅓ - ½ Messlöffel Taurin 1 Teelöffel Gänseschmalz 1 Prise Salz	**Sonntag abends** 100 g Hühnerfleisch 10 g Hühnerherz 1 Messerspitze Eierschale ⅓ - ½ Messlöffel Taurin 1 Teelöffel Gänseschmalz 1 Prise Salz

Tabelle 4: Katzenfutterplan

Ausweichrezepte bei Nichtgefallen

100 g ganzes Huhn gewolft[1]	100 g Forelle	100 g Thunfisch*
⅓ - ½ Messlöffel Taurin	⅓ - ½ Messlöffel Taurin	⅓ - ½ Messlöffel Felini complete
1 Teelöffel Gänse-schmalz	1 Teelöffel Lachsöl	1 Teelöffel Öl aus der Dose[2]
1 Prise Salz	1 Prise Salz	1 Teelöffel Jogurt

[1] Erhältlich in gut sortieren Futterläden oder bei www.tierhotel.de oder evtl. Ihrem Metzger

* Thunfisch im eigenen Saft

[2] eine 2. Dose Thunfisch in Öl aufmachen, Öl für Katze, Thunfisch selbst essen (Pizza, Salat).

Weitere Ausweichmöglichkeiten bei Nichtgefallen

- Den Hühnerhals weglassen, durch Fortan Calcium 40 ersetzen.
- Das Gänseschmalz durch Butter ersetzen.
- Das Lachsöl durch Butter ersetzen.
- Das Herz weglassen, den Fleischanteil erhöhen.
- Statt Herz ab und zu ein Stück Putenleber hinzugeben (gerne auch gegart).
- Ab und zu Felini Taurin durch Felini complete ersetzen.

Leckerchen

Häppchenweise Quark, Jogurt, Butter, Hüttenkäse, Räucherforelle, Räucherlachs, Käsestückchen. Einige Krabben oder Garnelen (dürfen auch in die Fischmahlzeit mit rein).

Oder auch mal handelsübliche Leckerlis (bei uns der Renner: Whiskas Knuspertaschen) aber nur, wenn die Katze ihre Mahlzeiten auch brav frisst. Wir Menschen dürfen auch Schokolade und Chips essen, wenn wir uns gesund ernähren...

Verbote gibt es auch

- Stärke
- Milchzucker
- Schwein und Wildschwein
- Vegetarische Ernährung (Ein Vegetarier sollte einem Fleischfresser nicht seine Ideologie aufzwingen)
- Vegane Ernährung (noch schlimmer...)
- Ätherische Öle

Für Fortgeschrittene

Wer Routine und Erfahrung gewonnen hat, kann mit folgenden Lebensmitteln experimentieren:

- Ente
- Gans
- Makrele

- Seezunge
- Rinderherz
- Kalbfleisch

Zum Beispiel vom eigenen Essen vor dem Garen und Würzen ein Stückchen für die Mieze beiseite legen. Oder eine Entenbrust auftauen, Haut entfernen, in etwas Wasser gar dünsten und in kleine Stücke zerfetzen. Oder von der Mieze zerfetzen lassen...

Tipps für die Praxis

Am besten und einfachsten klappt die Rohfütterung, wenn man die Kitten nach der Muttermilch direkt an Fleisch gewöhnt. Ich habe bei Katzenkindern noch nie erlebt, dass Frischfleisch abgelehnt wurde. Beginnen kann man z.B. mit einem Schälchen Tartar oder – noch besser – man lässt die Mutter in der Nähe der Kitten fressen. Sie werden sich automatisch dafür interessieren, was die Mama da frisst, davon probieren, auf einem Stückchen Fleisch herumknabbern und später einfach bei der Mama mit fressen.

Es gibt natürlich keine Garantie dafür, dass sie im Erwachsenenalter nicht doch Dose oder Trockenfutter interessanter finden, weil es appetitanregend riecht. Oder weil sie kein Frischfleisch kennenlernen durften.

Bei Freigängern ist es ein immer wieder kehrendes Problem, dass „liebe“ Mitmenschen irgendein Futter vor die Tür stellen und sich über Katzenbesuch freuen. Auch gut gehaltene, hochwertig gefütterte Katzen können Sie anschauen, als kämen sie geradewegs aus dem Knast. Keine Frage, ich freue mich als Halter von Freigängern natürlich auch über Katzenfreunde. Aber! Ich ärgere mich sehr, wenn ich keine Kontrolle mehr darüber habe, was Katze wo frisst. Verdächtig ist es, wenn sie zu Hause plötzlich nur noch wenig Appetit hat. Daher meine dringende Bitte

Füttern Sie keine fremden Katzen!!!

Jeder sollte selbst bestimmen können, was sein Tier frisst. Außerdem wissen Sie nicht, ob das Tier eventuell allergisch auf einen bestimmten Stoff reagiert. Ganz abgesehen davon, dass sie durch das verlockende Futterangebot mehr dazu animiert werden, Straßen zu überqueren, die sie sonst nicht überqueren würden. Katzen wittern Futter über große Strecken!

Umstellung auf Rohfutter

Wenn eine erwachsene Katze, die kein reines Frischfleisch akzeptiert, von Fertigfutter auf Rohfütterung umgestellt werden soll, fängt man am besten mit allgemein beliebten Dingen an, wie Tartar, Hühnchen, Thunfisch, Krabben. Mischen Sie klitzekleine Mengen ins gewohnte Futter und steigern Sie die Menge sehr langsam (ersetzen des gewohnten Futters durch Frischfleisch). Ich gebe zu: Katzen haben nicht nur einen 7. sondern auch einen 8. Sinn. Schon unser harmlos freundlicher Gesichtsausdruck beim Zubereiten des „neuen“ Futters macht sie mistrauisch. Wenn wir Glück haben, nehmen sie das Futter schrittweise gut an. Oder sie haben einen Puristen, der alles erst einmal pur probieren möchte. Das ist auch gut, denn so finden sie heraus, was er gerne mag.

Sie können auch so tun, als ob dass frische Fleisch ein tolles Leckerchen ist – lassen Sie ihrer Samtpfote den Glauben. Je mehr sie davon nimmt, desto besser können Sie das „alte“ Futter Schritt für Schritt austauschen.

Sie haben einen absoluten Sturkopf zu Hause?

Das alles ist natürlich leichter gesagt als getan. Es gibt auch die absoluten Verweigerer. Und ich weiß wovon ich rede... Katzen können ohne Schaden zu nehmen sehr hartnäckig fasten und wirklich nur dann essen, wenn das gewünschte Menue hingestellt wird! Einer unserer Kater hat das Spiel über ein Jahr lang mit mir getrieben. Obwohl er mit großem Genuss ab und zu kleine Hasen aus dem Wald verspeist. Und zwar mit allem drum und dran! Und zwar VOR meinen Augen! Er fand es klasse, wie verärgert ich ihm zugesehen habe... Es hat also einfach nicht funktioniert. Nach eineinhalb Jahren habe ich ihm die weiße Fahne gezeigt. Und in den sauren Apfel gebissen, ein wirklich getreidefreies Dosen- und Trockenfutter zu kaufen (sehr sehr teuer, aber von mir aus).

Kennen Sie auch einen solchen Sturkopf? Vielleicht akzeptiert dieser ja wenigstens stückchenweise Fleisch oder Fisch. Vielleicht mag dieser ja auch nur eine bestimmte Sorte Fleisch. Dann ersetzen sie öfter mal eine Mahlzeit durch dieses Fleisch. Oder Fisch, wenn's beliebt.

Trinkt die Katze auffällig wenig, versuchen Sie, ihr das Wasser schmackhaft zu machen, indem sie ein wenig Thunfischsaft zugeben. Manche Katzen mögen auch

Fencheltee. Brenzlig wird es, wenn die Katze auf einmal wesentlich mehr als sonst trinkt. Dann sollten die Nieren untersucht werden. Dazu später noch mehr.

Katzen mögen ihr Futter auch gerne etwas warm. Es sollte mindestens Zimmertemperatur haben. Man kann die Portion auch ganz kurz in der Mikrowelle anwärmen. Eine gute Möglichkeit auch, das Gänseschmalz zu verflüssigen. Das geht innerhalb von Sekunden.

Ernährung von kranken Katzen

Für alle Erkrankungen gilt: Die hier aufgeführten Vorschläge sind auch als solche zu verstehen. Bitte besprechen Sie die Fütterung eines kranken Tieres mit einem entsprechend geschulten Therapeuten, der Ihr Tier kennt und auf die individuellen Gegebenheiten eingehen kann!

Harngrieß

Das betrifft leider sehr viele Katzen und entsteht durch falsches Futter. Falsch nicht im Sinne von schlecht, sondern hierbei kann die Katze bestimmte Stoffe nicht verwerten. Das sollten sie beachten:

- Keine Knochen füttern.
- Statt Calcium 40 Calciumcitrat Pulver zugeben (dient der Ansäuerung des Harns).
- Keine Bierhefetabletten geben.

- Es gibt Medikamente, die den Harn ansäuern, so dass es nicht zur Kristallbildung kommt.
- Morgens und abends füttern, nicht mehrere Mahlzeiten über den Tag verteilt geben.

Besprechen Sie mit einem Tierheilpraktiker/Tierarzt/ Homöopath, ob und wie die Nieren organisch unterstützt werden sollten.

Allergien

Es gibt theoretisch nichts, worauf man nicht allergisch reagieren kann. Dieses Thema sprengt daher den Rahmen dieses Buches. Allergien bei Katzen können auch eine sehr ausgeprägte psychische Komponente haben. Besprechen Sie sich mit einem Verhaltenstherapeuten und Homöopathen, wie Sie das behandeln können, was Sie für Ihre Katze tun können und ob eventuell eine Ausschlussdiät Sinn macht. Absolut verboten sind grundsätzliche Getreide, Bierhefe und Trockenfutter. Schwierig ist es mit Allergietests. Wie gesagt, ein Allergieauslöser kann theoretisch alles sein. Daher sind Tests nicht oft zielführend.

Niereninsuffizienz

Leider auch eine sehr weit verbreitete Erkrankung, speziell bei der alternden Katze, die erst sehr spät bemerkt wird, da erst bei einer ernsthaften Schädigung des Organs erhöhte Laborwerte zu verzeichnen sind. In der Folge vergiften die Katzen innerlich und es kann plötzlich zu einem akuten Nierenversagen kommen, was den sicheren Tod bedeutet. Eine Niereninsuffizienz kann sich über Jahre entwickeln und nur langsam deutlich werden. Ein Hinweis ist ein auffälliger Geruch des Tieres nach Ammoniak und Urin, besonders aus dem Maul. Besprechen Sie mit einem Tierheilpraktiker/Tierarzt/Homöopath, ob und wie die Nieren organisch unterstützt werden sollen.

Da dieses Thema ein sehr großes unter den Katzenbesitzern ist, möchte ich das auch kurz besprechen, obwohl ich Ihnen ja wenig Theorie versprochen hatte. Trotzdem: Ein bischen Wissen muss auch sein. Welche Aufgaben haben die Nieren? In Bezug auf die Fütterung ist für uns u.a. interessant

- Regulation des Elektrolythaushalts (Calcium, Phospat, Kalium)
- Ausscheidung von Gastrin (wichtigster Stoff bei der Produktion von Magensäure)
- Ausscheidung von Stoffwechselprodukten (Harnstoff, Harnsäure, Kreatinin)

Stoffwechselprodukte sind solche Stoffe, die der Körper nicht mehr gebrauchen kann und u.a. über die Nieren ausscheiden muss. Kommt da viel zusammen - von Stoffen, die der Körper nicht gebrauchen kann - müssen die ohnehin schon sensiblen Katzennieren dauerhaft Hochleistungen vollbringen. Die Fähigkeit zur Ausscheidung der Nieren lässt nach und die Probleme beginnen... Wir sprechen hier nicht von der normalen, altersbedingten Abnahme der Organfunktionen. Die oben genannten Stoffwechselprodukte sind zudem wasserlöslich - brauchen also Wasser. Was zusätzlich schwierig wird, wenn die Katze zu wenig trinkt.

Harnstoff, Harnsäure und Kreatinin kennen sie vielleicht auch aus dem Blutbild. Besonders der Kreatinin Wert wird als Indikator der Leistungsfähigkeit der Nieren gesehen.

- **Kreatinin:**
  Entsteht beim Abbau der Säure Kreatin in den Muskeln. Kreatin versorgt die Muskeln mit Energie. Ein erhöhter Wert kann aber auch normal sein, je nach Muskelmasse. Bei sehr aktiven Jägern werden Sie also einen höheren Wert haben als bei einem faulen Stubentiger. Das ist normal.

- **Harnstoff:**
  ist ein kristalliner weißer Feststoff. Er entsteht aus dem Proteinstoffwechsel. Dauerhaft zu hohe Proteinzufuhr hat einen hohen Harnstoff zur Folge.
- **Harnsäure:**
  Entsteht durch die Aufnahme purinreicher Mahlzeiten (viel Innereien). Der Wert kann auch erhöht sein, wenn vermehrt Zellen sterben (z.B. bei Krebs). Oder wenn die Nierenfunktion bereits gestört ist.

Nierenschäden vermeiden kann man durch die Fütterung von hochwertiger Nahrung. Sind die Werte bereits durcheinander, sollte die Fütterung sofort umgestellt werden. Es gilt, eine Mahlzeit zu geben, bei der das Protein hochwertig und leicht verdaulich sein muss, nicht reduziert, wie das bei vielen Diätfuttermitteln der Fall ist. Außerdem müssen Futtermittel gegeben werden, die möglichst wenig Purin und möglichst wenig Phosphor enthalten.

<u>Fütterungsmöglichkeiten:</u>

- Rinderbrust, Lamm, Kaninchen
- Joghurt und Quark enthalten kein Purin, die Menge darf erhöht werden.
- Kein Salz
- Kein Getreide
- Keine Knochen
- Kein Weizenkeimöl

Leider sind auch die einschlägig empfohlenen Diätfuttermitteln nicht optimal zusammengesetzt. Meist wird ein Diättrockenfutter empfohlen, was nach meiner Erfahrung die wenigsten Katzen mögen. Man kann nierenkranke Katzen auch Barfen. Wegen des Phosphats kann man z.B. einen Phosphatbinder ins Futter geben, wie Ipakitine (von Vetoquinol). Wem das zu unsicher ist, der sollte wenigstens Nierendiät-Nassfutter geben. Es gibt inzwischen leicht erhältliche Sorten in den einschlägigen großen Märkten. Besprechen Sie die Fütterung Ihrer nierenkranken Katze mit einem entsprechend geschulten Therapeuten.

Vorschlag für eine Mahlzeit:

- 100 Gramm Hühnerfleisch oder Rindfleisch
- 1 Teelöffel Butter oder Gänseschmalz
- Dazu Taurin
- Wer mag etwas Gemüsepüree dazu.
- Wer mag, Quark oder Joghurt dazu.

Diabetes

Hier sind mehrere kleine Mahlzeiten pro Tag erlaubt, um den Blutzuckerspiegel konstant zu halten.

Keine Kohlenhydrate (aber das machen Sie ja sowieso nicht).

Besprechen Sie mit einem Tierarzt/Homöopathen einen eventuell gewünschten Insulinersatz.

Bei anhaltenden Magen-Darm-Problemen bitte zum Tierarzt/Tierheilpraktiker.

Kitten

Wie schon beschrieben, ist die Gewöhnung an Rohfütterung bei Katzenkindern denkbar einfach. Wenn Sie das Glück haben, einen Wurf großwerden zu sehen, lassen sie Mutter und Kinder selbst entscheiden, wie lange die Babys bei der Mama trinken. Das kann Monate dauern! Selbst wenn es zum Schluss nur noch ein Wohlfühlnuckeln ist. Der Mensch braucht hier in keinster Weise einzuwirken, die Katzenmutter weiß am besten, wann ihr Nachwuchs nichts mehr braucht. Sie reagiert dann unwirsch auf Trinkversuche und schickt sie weg. Leider werden Tierkinder generell viel zu früh von den Muttertieren getrennt, weil die Menschen die Kleinen ja so süß finden.

Wer kennt nicht die Geschichten vom „ewigen Durchfall", wenn das Tierkind in die Familie kommt und eine plötzliche Futterumstellung hinnehmen muss. Für Darm und Immunsytem des Babys kein guter Start.

Wir brauchen bei Katzenkindern die Futtermenge nicht abwiegen. Die kleinen hören auf, wenn sie genug haben. Sie haben im Gefühl, wie viel sie brauchen. Sie überfressen sich dann später auch nicht, da sie ihre natürlichen Empfindungen und Instinkte entwickeln und vertiefen dürfen.

Bei kastrierten Tieren kann das später wieder anders sein. Dann müssen wir natürlich einwirken und die Futterzusammensetzung und –menge der jeweiligen Katze anpassen. Bei Katern ist ein Hängebauch nach der Kastration ganz normal. Das ist aber kein Übergewicht.

Wachsende Katzen und Jungtiere können enorme Mengen verdrücken, besonders, wenn sie aktive Freigänger sind. Lassen sie sie. Das pendelt sich wieder ein. Es ist entzückend und erstaunlich, anzusehen, welche großen Stücke, auch Knochen, kleine Kitten mit ihren messerscharfen Milchzähnchen zerteilen können.

Meine 2-jährige, gerade mal 3 kg schwere Feliz schafft manchmal locker 400 Gramm Fleisch am Tag! Kein Scherz! Dafür jagt sie auch stundenlang durch den Wald, um mir stolz Maus nach Maus zu präsentieren. Von diesen Mäusen nimmt sie sich dann das Nackensteak. Den restlichen Tagesbedarf an Fleisch müssen ihre Menschen servieren.

Mit 12–18 Monaten sind Katzen ausgewachsen und können dann die „normale“ Futterration bekommen (etwa 200 g Fleisch am Tag). Schwere Rassen, wie die Maine Coone oder die norwegische Waldkatze brauchen etwas länger, sie sind mit etwa 2,5 Jahren ausgewachsen.

Literatur, lesenswert und weitere Infos

www.wikipedia.de

Die große GU Nährwert-Kalorien-Tabelle. Gräfe & Unzer Verlag.

Katzen würde Mäuse kaufen. Schwarzbuch von Hans-Ulrich Grimm.

Sehr gute Tabellen zur Futtermitteldeklaration: www.tiergesundheitspraxis.ch

Pschyrembel. Klinisches Wörterbuch

Wunderschöne, dekorative Katzen-Trinkbrunnen: www.keramik-im-hof.de

Wer in die Futtermittelverordnung schauen möchte: www.gesetze-im-internet.de

Zum Thema Fleischmehl:

„Merkblatt zum Einsatz von Fleischknochenmehl, Knochenmehl und Fleischmehl als Düngemittel im Pflanzenbau"

Prof. W. Wolfram, TU München, „Harnsäure"

E-Stoffe zum nachlesen: www.zusatzstoffe-online.de

Futterzusätze:

- Easy B.a.r.F - Ergänzungsfuttermittel von www.lillysbar.de
- Fortan Calciumcitrat (z.B. von www.barf-gut.de)
- Felini Complete (z.B. von www.barf-gut.de)
- Lunderland Bio Eierschalenmehr (z.B. von www.barf-gut.de)
- PerNaturam Fleischknochenmehl (z.B. von www.barf-gut.de)
- Felini Taurin (z.B. von www.barf-gut.de)
- Ipakitine Pulver (Phosphatbinder), Vetoquinol (gibt es bei vielen Internet Versandhäusern)

Frostfleisch

www.dastierhotel.de

www.frostfutter.de

www.savannahcat.de
Kein Frostfleisch aber eine tolle Seite zum Thema Katzenernährung

Das sind nur Beispiele. Das Angebot wird immer erfreulicherweise immer größer. Fragen Sie nach, wie grob gewolft das Fleisch ist. Die meisten Katzen wollen fein gewolftes.

Stichwortverzeichnis